江西桃红岭

梅花鹿国家级自然保护区

自然教育手册

JIANGXI TAOHONGLING MEIHUALU GUOJIAJI ZIRAN BAOHUQU

ZIRAN JIAOYU SHOUCE

詹建文 刘武华 编

中国地质大学出版社
ZHONGGUO DIZHI DAXUE CHUBANSHE

图书在版编目(CIP)数据

江西桃红岭梅花鹿国家级自然保护区自然教育手册/詹建文,刘武华编. —武汉:中国地质大学出版社,2021.5

ISBN 978-7-5625-5009-9

Ⅰ.①江…
Ⅱ.①詹…②刘…
Ⅲ.①梅花鹿-自然保护区-自然教育-江西-手册
Ⅳ.①S759.922.56-62

中国版本图书馆CIP数据核字(2021)第070453号

江西桃红岭梅花鹿国家级
自然保护区自然教育手册

詹建文 刘武华 编

责任编辑:舒立霞　　责任校对:何澍语

出版发行:中国地质大学出版社(武汉市洪山区鲁磨路388号)　　邮政编码:430074
电　　话:(027)67883511　　传　　真:(027)67883580　　E-mail:cbb@cug.edu.cn
经　　销:全国新华书店　　http://cugp.cug.edu.cn

开本:787毫米×1 092毫米　1/16　　字数:106千字　印张:5
版次:2021年5月第1版　　印次:2021年5月第1次印刷
印刷:湖北睿智印务有限公司

ISBN 978-7-5625-5009-9　　定价:68.00元

《江西桃红岭梅花鹿国家级自然保护区自然教育手册》

编委会

序

桃红岭梅花鹿国家级自然保护区位于长江下游南岸的江西省彭泽县境内，是以珍稀涉危物种梅花鹿华南亚种为主，以云豹、白颈长尾雉、穿山甲、白鹇、鬣羚、大小灵猫等国家一、二级重点保护野生动物为辅的自然保护区，拥有众多珍稀野生动植物资源。保护区成立40年来，先后被批准为全国野生动物保护科普教育基地、全国林草科普基地、江西省生态文明示范基地、江西省科普教育基地、江西省青少年科技教育基地、江西省第二批中小学生研学实践教育基地，成为开展科学研究、科学普及和自然教育的理想场所。2019年11月，桃红岭保护区被全国自然教育总校授予自然教育学校(基地)。

为深入贯彻落实《国家林业和草原局关于充分发挥各类自然保护地社会功能 大力开展自然教育工作的通知》的精神，保护区科学规划，合理布局，制订并落实了一系列举措，推动自然教育工作的开展。2020年10月编制了《桃红岭保护区五年自然教育规划(2021～2025年)》，12月底桃红岭保护区自然教育学校挂牌成立，建设了科普教室、科普路径、科普解说牌等基础设施，并依托保护区资源特点，精心设计了野外自然观察路线，为广大青少年学生提供自然教育服务。

本自然教育手册根据开展自然教育工作的实际需要编写，通过文字、照片、图表的形式，全面系统地介绍了保护区的基本情况，多角度、全方位带大家走进桃红岭，了解梅花鹿，探寻桃红岭丰富的野生动植物世界。同时以通俗易懂的语言分门别类地普及了桃红岭关键兽类、鸟类、植物和昆虫的外形特征、生态习性和生存现状等科学知识，可作为青少年学生了解自然的科普书籍以及科普人员、自然导师、志愿者的工作指南。

随着我国经济社会的快速发展和人们生态文明意识的提高，以走进自然、回归自然为主要特点的自然教育已成为公众的新需求。桃红岭保护区将秉承“推动自然教育发展　促进人与自然和谐”的宗旨，担负起普及科学知识、开展自然教育的职责和使命，发挥生态优势和资源优势，紧紧围绕生态文明建设的一系列部署，打造具有桃红岭特色的自然教育品牌，实现可持续发展，不断满足社会公众对自然教育的新期待、新要求。

编者

2021年2月

目录

CONTENTS

第一篇　走进桃红岭

■区位交通

行政区划：江西桃红岭梅花鹿国家级自然保护区位于赣皖两省交界处、江西省九江市彭泽县中部，范围涉及黄花镇、黄岭乡、东升镇等7个乡镇（场、圃）、24个行政村（分场）。

区位面积：保护区地理坐标为东经116°32′～116°43′，北纬29°42′～29°53′，南北长18.25km，东西宽13.4km，总面积12 500hm²（1hm²=10 000m²）。其中核心区3 475.00hm²，缓冲区1 281.25hm²，实验区7 743.75hm²。

交通状况：桃红岭保护区地处长江水运大动脉南侧，东距九江市80km，东南距南昌市200km，西北有彭湖高速、国道530经过，东北和西南均有省级公路相连，50km范围内还有杭瑞高速、济广高速、安东高速等，交通十分便利。

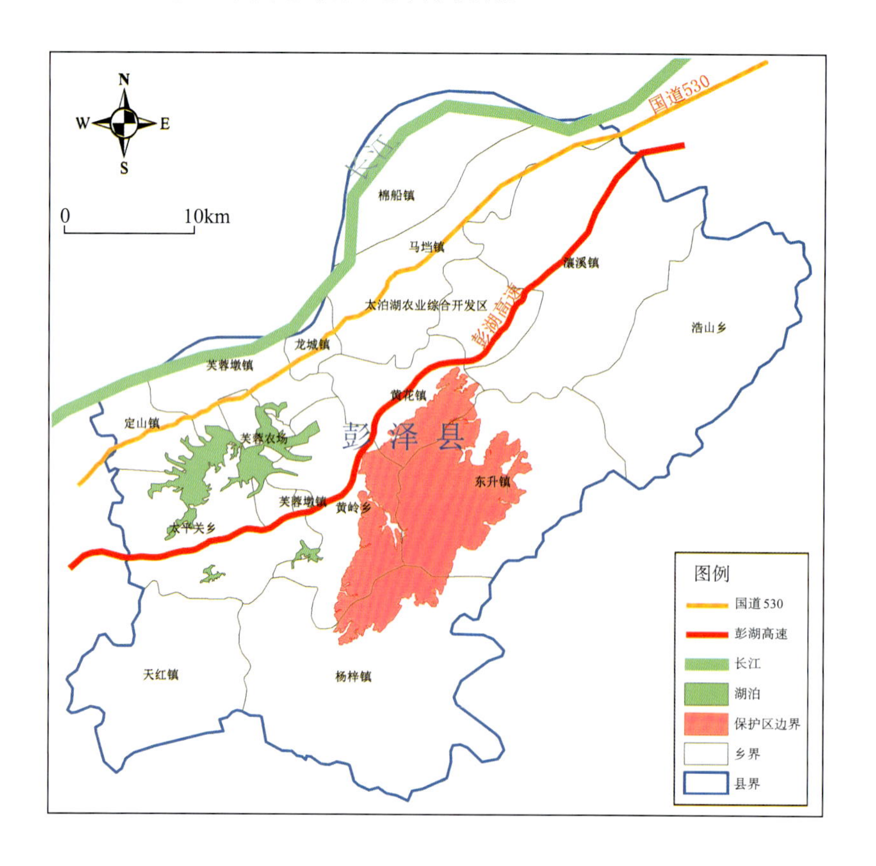

江西桃红岭梅花鹿国家级自然保护区区位交通图

■人口状况

桃红岭保护区内有居民3 340户，人口15 046人，人口密度184人/km^2。

■保护区类型与级别

类型：野生动物类。

级别：国家级。

■主要保护对象

以保护野生梅花鹿华南亚种及其栖息地为主要对象。

■历史沿革

1980年

彭泽县桃红岭发现第一张梅花鹿皮，并通过专家鉴定为野生梅花鹿华南亚种，由此揭开了梅花鹿在此栖息繁衍的神秘面纱

1981年

为了保护梅花鹿这一濒临灭绝的珍贵物种，江西省人民政府建立了江西省桃红岭梅花鹿保护区，保护梅花鹿繁衍生息的环境

2001年

国务院以国办发〔2001〕45号文批准桃红岭晋升为国家级自然保护区，同时又被吸纳为我国生物圈保护区网络成员

■ 保护价值

桃红岭保护区既是野生梅花鹿华南亚种最集中分布区，又是江西省唯一的以灌草丛和灌木植被为主的自然保护区。桃红岭梅花鹿国家级自然保护区生物的稀有性、多样性以及由此构成的生态系统完整性使该保护区在全球具有保护价值。

■ 保护成就

40年来，野生梅花鹿的栖息地得到切实保护，种群数量由建区前的不足60头发展到现在的近400头。因此，桃红岭保护区成为我国野生梅花鹿华南亚种最大的分布区。

◆ 什么是自然保护区？

自然保护区是我国自然保护地体系的一种重要类型，是依法划定的用于保护重要的自然生态系统、珍稀濒危野生动植物物种、有特殊意义的自然遗迹的固定区域，包括陆地、陆地水域或海域。

根据国家标准《自然保护区类型与级别划分原则》（GB/T 14529—93），我国自然保护区分为三大类别，9个类型。

湖北南河国家级自然保护区

我国自然保护区分类表

序号	大类	类型	代表性保护区
1	自然生态系统类	森林生态系统类型	湖北南河国家级自然保护区
2		草原与草甸生态系统类型	内蒙古锡林郭勒草原国家级自然保护区
3		荒漠生态系统类型	甘肃民勤连古城国家级自然保护区
4		内陆湿地和水域生态系统类型	吉林查干湖国家级自然保护区
5		海洋和海岸生态系统类型	河北昌黎黄金海岸国家级自然保护区
6	野生生物类	野生动物类型	江西桃红岭梅花鹿国家级自然保护区
7		野生植物类型	四川攀枝花苏铁国家级自然保护区
8	自然遗迹类	地质遗迹类型	天津蓟县中、上元古界地层剖面国家级自然保护区
9		古生物遗迹类型	内蒙古自治区额济纳旗马鬃山古生物化石自然保护区

内蒙古锡林郭勒草原国家级自然保护区

甘肃民勤连古城国家级自然保护区

吉林查干湖国家级自然保护区

河北昌黎黄金海岸国家级自然保护区

江西桃红岭梅花鹿国家级自然保护区

四川攀枝花苏铁国家级自然保护区

天津蓟县中、上元古界地层剖面国家级自然保护区

内蒙古自治区额济纳旗马鬃山古生物化石自然保护区

◆ 什么是自然保护地？

自然保护地是由政府依法划定的，对重要的自然生态系统、自然遗迹、自然景观及其所承载的自然资源、生态功能和文化价值实施长期保护的陆域或海域。

按照生态价值和保护强度高低，我国的自然保护地分为三大类：国家公园、自然保护区、自然公园。最终将建设成以国家公园为主体、自然保护区为基础、各类自然公园为补充的自然保护地体系。

自然保护地的类型

■ 地理位置

江西桃红岭梅花鹿国家级自然保护区地处江南丘陵北缘、长江中下游南岸。

桃红岭保护区地理位置图

■地形地貌

从长江南岸到保护区北缘是相对平缓的低丘与平原，向南进入保护区后地势陡然抬升，为低山丘陵区，山峰海拔多在300～500m之间，主峰猫鹰窝海拔标高536.6m。

桃红岭是一个独立的地垒式断块山，在成因类型上属构造侵蚀地貌。其地表形态与地质构造、地层岩性关系密切，在地垒式断块山的基础上，经新生代的侵蚀作用形成。

■气候特点

桃红岭保护区地处中亚热带的过渡带，属温暖湿润的季风气候。日照充足，雨量充沛，全年季节变化明显。冬季以北风为主，夏季以南风为主，无霜期长。

光照　保护区内光照充足，年均日照时数为2 043.6小时，日照百分率为46%，大于10℃期间的日照为1 513.4小时，占全年日照时数的74%。太阳辐射年总量为471.2kJ/cm^2，年生理辐射总量平均值为235.72kJ/cm^2。

气温　保护区平均气温比彭泽县要低，年平均气温为15.1℃。日平均气温超过5℃的初始日期为3月3日，大于10℃的初始日期为4月3日。大于或等于5℃活动积温海拔100m以下的在5 000℃左右，海拔400m以上的仅在4 000℃左右。

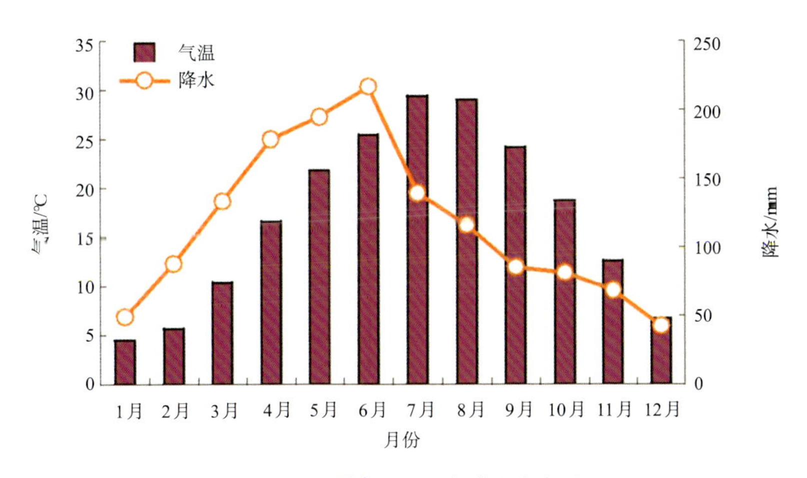

桃红岭保护区年气温和年降水分布图

降水量 保护区降水丰沛，年平均降水量约为1 300mm，但各年降水量相差较大，最大年降水量达2 298mm（1999年），最小年降水量只有898.2mm（1963年）。雨量的季节分配亦不均匀，二季度雨量集中，多年平均为595mm，占年降水量的44%。

蒸发量 全年平均蒸发量为1 587.2mm，蒸发量最大的为1 809.8mm（1956年），最小的为1 295.9mm（1975年）。7～8月蒸发量最大，占全年的29.3%。年平均干燥度K为0.6，属湿润地区。

■地表水系

流经桃红岭保护区的主要河流为东升河。东升河发源于上十岭芦峰山，从保护区东部边界穿过，其上游为上十岭河，在苦栗树与桃红河汇合，向北注入太泊湖。东升河全长11km，平均宽度40m，水深5m，洪流量为$0.1m^3/s$，其中流经保护区的长度约6km。

除东升河以外，保护区内没有其他较大的河流。沟谷多小溪，部分小溪下游修建水库，有聂家山水库、腾家山水库和陈家山水库等9个中小型水库。

■土壤类型

桃红岭保护区土壤主要为山地黄红壤、棕红壤和酸性紫色土，土壤表层石砾较多。

土壤母岩为泥质页岩、紫色砂岩、石灰岩等沉积岩。

山地黄红壤、棕红壤 山地红壤依照海拔高度分成两个亚类，海拔400m以上为棕红壤，以下为黄红壤。山地黄红壤、棕红壤广泛分布于保护区的低山地带，是林地的主要土壤类型。土壤母岩为泥质岩或硅质岩。泥质岩发育的棕红壤，成土块，土层较厚，矿质养分丰富，潜在肥力高，植被生长茂盛，覆盖度大。

酸性紫色土 主要分布在黄岭、黄花、上十岭等部分中低山上。土壤母岩为紫色石英砂岩或紫色长石石英砂岩。质地松脆，易风化，抗蚀力弱，土层浅，砾含量高，植被多为草灌丛，只有在山坞平缓处土层深厚。

■ 大地构造位置

桃红岭保护区在大地构造位置上处于扬子准地台中东部，江南造山带东北边缘，构造位置独特。

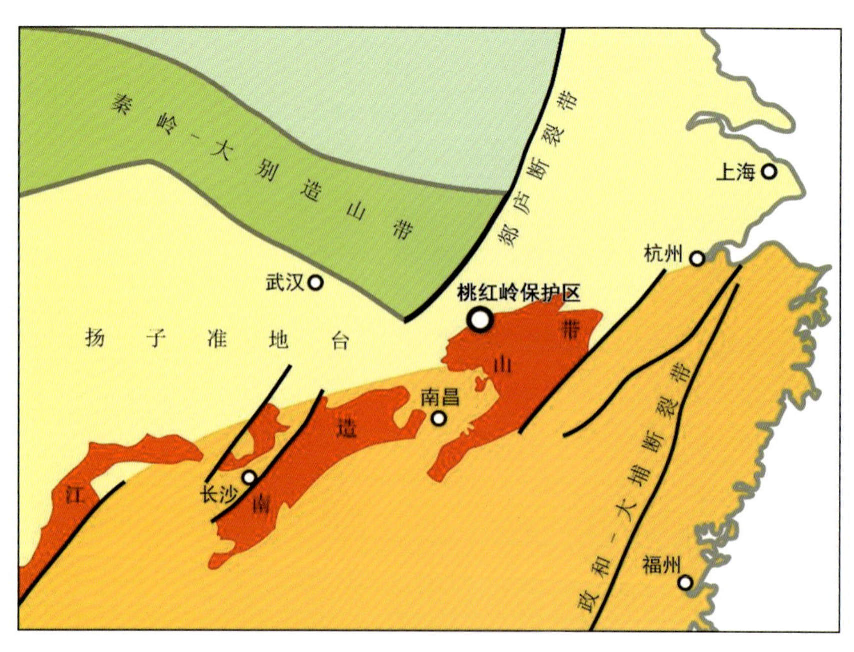

桃红岭保护区大地构造位置示意图

■地质旅程

地球的演化历程

46亿年前

地球诞生

46亿年以前，原始太阳星云经历吸积、碰撞、凝聚，形成地球。

地球诞生初期假想图

44亿年前

地壳形成

地球从一个炽热的岩浆球逐渐分异、冷却、固化，于44亿年以前的冥古宙形成原始地壳。

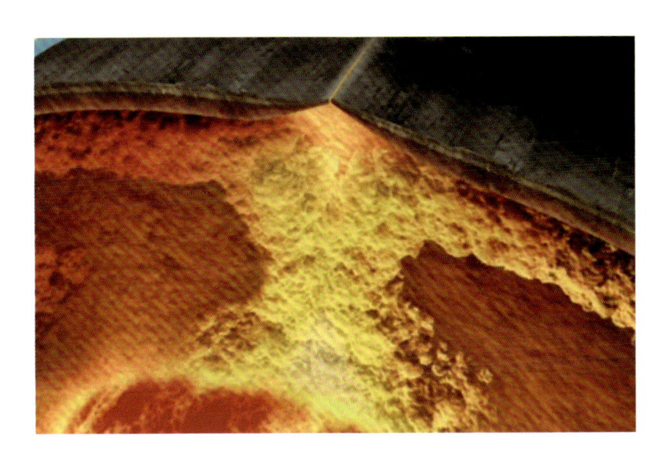

地壳形成假想图

42.9亿年前

最早的生命显现

42.9亿年前，地球早期生命——细菌等原核生物开始出现。

生命诞生假想图

27亿年前

最早的真核生物出现

原核生物经过十几亿年的演化，于27亿年以前的新太古代进化出了真核生物。

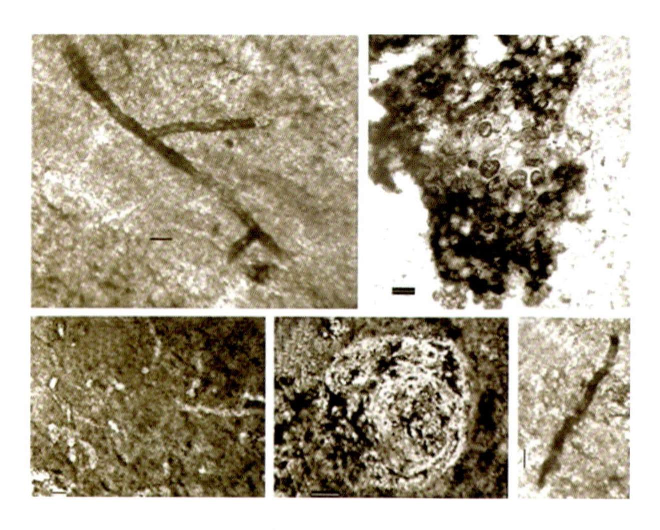

21亿年前的真核生物化石（显微结构）

8亿年前

“雪球地球”事件

从8亿年前的新元古代开始，地球表面从两极到赤道全部结成冰，地球被冰雪覆盖，变成一个大雪球，这一过程持续了2.5亿年。

“雪球地球”假想图

6.1亿年前

最早的动物出现

中国贵州发现的瓮安动物群表明，6.1亿年前地球上出现了最早的动物——贵州始杯海绵。

已知最早的动物——始杯海绵

5.4亿年前

寒武纪生命大爆发

5.4亿年前，寒武纪开始后的短短数百万年时间里，包括现生动物几乎所有类群祖先在内的大量多细胞生物突然出现，称为“寒武纪生命大爆发”。

寒武纪生物面貌复原图

5.2亿年前

植物开始登陆

化石证据表明，5.2亿年前地球上首次出现了可以在陆地上生存的两栖植物——似苔藓植物。

植物登陆复原图

4.4亿～6 600万年前

经历五次生物大灭绝

五次生物大灭绝分别发生于4.4亿年前的奥陶纪末期、3.72亿年前的泥盆纪末期、2.52亿年前的二叠纪末期、2.1亿年前的三叠纪末期和6 600万年前的白垩纪末期，最严重的一次大灭绝导致约96%的海洋物种和70%的陆地脊椎动物物种从地球上消失，最后一次生物大灭绝导致恐龙的消失。

第五次生物大灭绝假想图

180万年前

最早的"人"出现

旧石器时代早期，最早能制造石器工具的人属生物——能人出现。

人类进化示意图

彭泽的地质演化

(1)18亿～10亿年前，彭泽地区为一片汪洋大海，海底火山多次喷发。

(2)10亿年前，地壳抬升，彭泽地区上升成为陆地。

(3)8亿年前，"雪球地球"事件使全球进入冰期，彭泽地区出现冰川，在保护区中北部形成了冰碛岩。

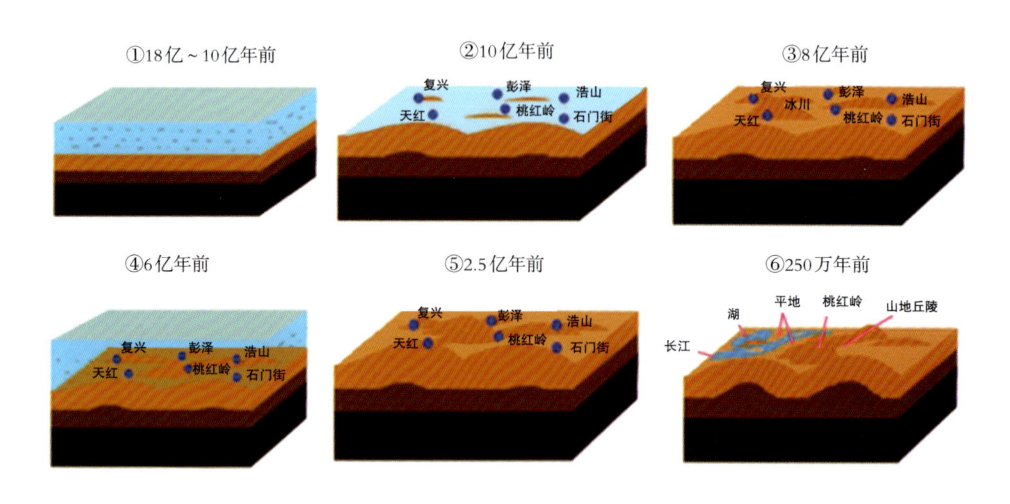

彭泽地区区域地质演化图

(4)6亿年前，冰期结束，海平面上升，地壳沉降，彭泽地区重新变成海洋，形成保护区西北、东部和南部的岩石。

(5)2.5亿年前，地壳抬升，彭泽地区上升成为陆地，持续遭受风化剥蚀。

(6)250万年前，长江从彭泽北部流过，冲积形成小规模平原低丘，包括保护区在内的南部则为剥蚀山地。

■保护区的岩石

什么是岩石?

石头，相信大家都不陌生，山上、河谷中到处都是石头，石头的学名叫岩石。那什么是岩石呢？岩石是天然产出的具有稳定外形的矿物或玻璃集合体，按照一定的方式结合而成，是构成地壳和上地幔的物质基础。例如花岗岩主要由钾长石、斜长石、石英、角闪石、黑云母五种矿物组成。岩石按成因可分为岩浆岩、沉积岩和变质岩，即三大岩类。

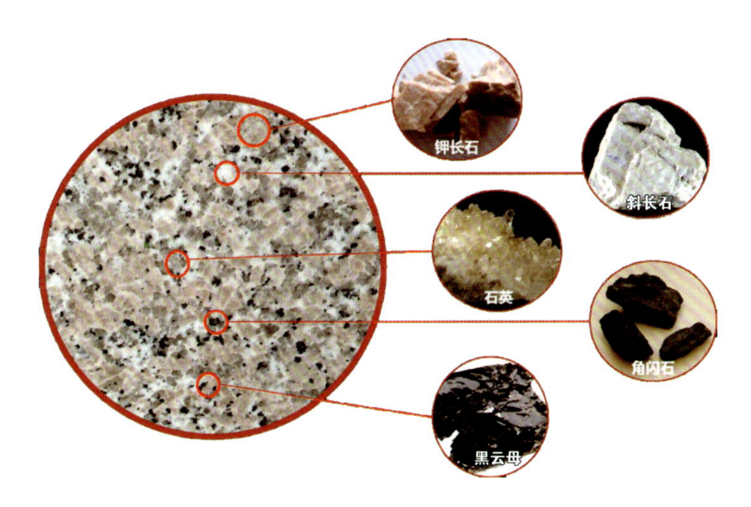

花岗岩及其矿物组成

三大岩类

岩浆岩　由高温熔融的岩浆在地表或地下冷凝所形成的岩石，也称火成岩。

沉积岩　在地表条件下由风化作用、生物作用和火山作用的产物经水、空气和冰川等外力的搬运、沉积和固结而形成的岩石。

变质岩　地壳中已经存在的岩浆岩、沉积岩，由于其所处地质环境的改变经变质作用而形成的新岩石。

地壳深处和上地幔的上部主要由岩浆岩和变质岩组成。从地表向下16km范围内岩浆岩大约占95%，沉积岩只有不足5%，变质岩最少，不足1%。地壳表面以沉积岩为主，它们约占大陆面积的75%，洋底几乎全部为沉积物所覆盖。

保护区的岩石

保护区地层岩性包括元古宙变质岩系、震旦纪沉积岩系、早古生代沉积岩系和第四纪地表土，主要由震旦纪冰碛岩及硅质岩、页岩组成。山岗顶部为产状平缓、岩性坚硬致密难风化的黑色硅质岩，岗地南端(白马山之南)为石灰岩分布地区。

冰碛岩

冰碛(qì)岩　全称为冰碛砾泥岩，是世界稀有的石种之一。其色为灰褐色、暗褐色，质量大，坚而脆，内夹杂有砂石或其他小生物化石。据考证，冰碛岩形成于距今7亿～6亿年间。当时，地球上曾发生了全球性“冰盖气候”的“雪球地球”事件。冰碛岩则是由冰川中携带的泥沙砾石沉积固结而成。

硅质岩

硅质岩 指由化学作用、生物作用和生物化学作用以及某些火山作用所形成的富含二氧化硅（一般大于70%）的沉积岩。硅质岩的颜色随所含杂质而异，通常为灰黑色、灰白色等，有时也见灰绿色和红色。

页岩

页岩 指具有薄页状或薄片层状的节理的一种沉积岩，因节理形似书页而得名。页岩成分复杂，主要是由黏土经压力和胶结形成的岩石，但其中混杂有石英、长石的碎屑以及其他化学物质。页岩形成于静水的环境中，泥沙经过长时间的沉积，所以经常存在于湖泊、河流三角洲、海洋大陆架地带。

石灰岩

石灰岩 颜色通常为灰白色或灰黑色，主要成分为碳酸钙（$CaCO_3$），滴稀盐酸会发生气泡反应。石灰岩分布广泛，是一种常见的沉积岩，同时，它也是喀斯特地貌的主要物质成分。形成于浅海相的沉积环境，因而一般会含有丰富的生物化石。

知识拓展

◆ 地球在太阳系中的位置

地球是太阳系八大行星之一，按离太阳由近及远的次序排为第三颗，也是太阳系中直径、质量和密度最大的类地行星（水星、金星、地球、火星），距离太阳1.5亿km。它有一个天然卫星——月球，二者组成一个天体系统——地月系统。

地球在太阳系中的位置

◆ 地球的“三围”

地球平均半径约为6 371km，赤道周长约为40 076km，表面积5.1亿km^2，呈两极稍扁、赤道略鼓的不规则椭圆球体。地球表面71%为海洋，29%为陆地。

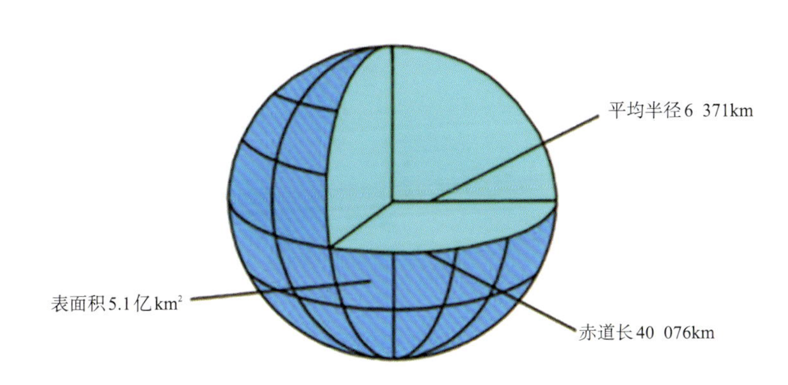

地球“三围”示意图

◆ 地球的圈层划分

地球圈层结构分为地球外部圈层和地球内部圈层两大部分。地球外部圈层可进一步划分为3个基本圈层，即大气圈、生物圈、水圈；地球内部圈层可进一步划分为3个基本圈层，即地壳、地幔和地核，它们的关系就像鸡蛋的蛋壳、蛋白和蛋黄一样。地壳和上地幔顶部（软流层以上）由坚硬的岩石组成，合称岩石圈。

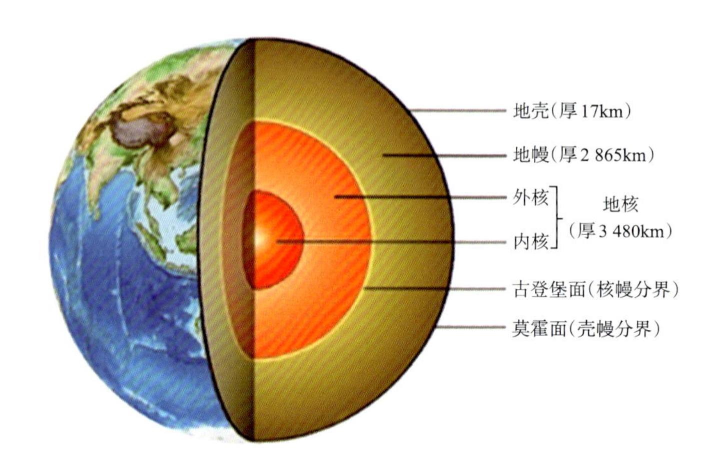

地球内部圈层示意图

地球外部圈层示意图

第二篇　遇见梅花鹿

■ 梅花鹿之乡

梅花鹿又名仙鹿，隶属偶蹄目鹿科，是东亚特有的名贵珍稀动物，曾广泛分布于中国东部。进入20世纪后，随着生态环境破坏加剧，野生梅花鹿种群数量急剧减少，野外已难觅其踪迹。据《中国濒危动物红皮书》记载，全国野生梅花鹿数量也不过千余头，且被隔离分布为几个独立种群，属濒临灭绝的物种，因此，国家将其列为一级重点保护动物。

江西桃红岭自古就有野生梅花鹿分布，历代彭泽县志均记载桃红岭“山有文禽异兽，美鹿争鸣”。20世纪50年代，彭泽县境内梅花鹿数量尚多，由于其成为猎捕对象，导致野生梅花鹿几近绝迹。

20世纪70年代，彭泽县农业区划考察中，发现桃红岭有野生梅花鹿。1980年，江西省农业区划调查时发现桃红岭野生梅花鹿种群数量不足60头。为拯救这一濒临灭绝的物种，江西省人民政府于1981年在这里建立了江西省桃红岭梅花鹿保护区，后被批准为江西桃红岭梅花鹿国家级自然保护区。

■ 梅花鹿家族

我国历史上的梅花鹿曾存在6个亚种，目前只有东北亚种、四川亚种、华南亚种和台湾亚种4个亚种，山西亚种和华北亚种已经灭绝，台湾亚种的野生种群也已经灭绝，而东北亚种的野生种群是否存在还有争议。目前野生梅花鹿仅存在四川亚种和华南亚种，其中桃红岭保护区是野生梅花鹿的最集中分布区。

中国梅花鹿亚种信息表

序号	亚种分类	体型	颜色特征	现在/历史分布	种群现状
1	华北亚种	体较大	夏毛褐棕色，白斑大而稀，腹部白色	河北等地	全部灭绝
2	山西亚种	体较大	冬皮有不显著的白斑	山西西部山区	全部灭绝
3	台湾亚种	体小	夏皮和冬皮都有明显的白斑；夏毛为黄棕色，后颈色较深，白斑大	台湾	野生种群灭绝
4	东北亚种	体大	冬皮无白斑或有不明显白斑；夏毛红棕色，白斑大而稀，腹部青灰色	中国吉林省与俄罗斯交界处	野生种群是否灭绝存在争议

续表

序号	亚种分类	体型	颜色特征	现在/历史分布	种群现状
5	四川亚种	体大	冬皮无白斑或有不明显的白斑；夏毛深红棕色，白斑小而密，有成行的趋势；腹部白色	中国四川省的铁布、巴西和中国陕西省的白河	野生种群稀少
6	华南亚种	体较小	冬皮无白斑或有不明显的白斑；夏毛黄棕色，白斑大，体侧白斑连成4条条纹，体侧中部白斑排列较稀疏，腹部淡棕色	安徽皖南、江西彭泽和浙江临安等地	野生种群稀少

梅花鹿的兄弟姐妹

目前已知鹿科动物共有16属43种，它们的共同特征是长有实心分叉的角，一般雄性有1对角，雌性无角。比较知名的鹿科动物，除了梅花鹿，还有驼鹿、马鹿、水鹿、麋鹿等。

驼鹿

驼鹿是世界上最大的鹿科动物，驼鹿属下共有2个物种8个亚种。驼鹿的名称取意于其肩高于臀，与骆驼相似。它又称堪达罕（满语）、犴达罕（满语）、犴，驼鹿在北美洲称为“moose”（源于东阿布纳基语的“moz”），而在欧洲称为“elk”（“elk”在北美洲被用来称呼加拿大马鹿），以雄性的掌形鹿角为特征。驼鹿为典型的亚寒带针叶林食草动物，单独或小群生活，多在早晚活动，分布于欧亚大陆的北部和北美洲的北部，不同亚种的毛色有所不同。

驼鹿

马鹿

马鹿是仅次于驼鹿的大型鹿类，共有10个亚种，因为体形似骏马而得名，身体呈深褐色，背部及两侧有一些白色斑点。雄性有角，

马鹿

一般分为6叉，最多8个叉，茸角的第二叉紧靠于眉叉。夏毛较短，没有绒毛，一般为赤褐色，背面较深，腹面较浅，故有“赤鹿”之称。

马鹿生活于高山森林或草原地区，喜欢群居，夏季多在夜间和清晨活动，冬季多在白天活动，善于奔跑和游泳，以各种草、树叶、嫩枝、树皮和果实等为食，喜欢舔食盐碱，分布于亚洲、欧洲、北美洲和北非。

水鹿

水鹿体型粗壮，接近马鹿。成年雄鹿体高130cm左右，体长130～140cm，体重200～250kg。雌鹿较矮小。水鹿泪窝较大，鼻镜黑色，颈毛较长，尾端部密生蓬松的黑色长毛。被毛黑褐色，冬毛深灰色。有黑棕色背线，臀周围呈锈棕色，无臀斑。水鹿的角在鹿类中是比较长的，一般为70～80cm，最长的可达125cm。

水鹿喜水，常活动于水边，栖息于阔叶林、混交林、稀树的草场和高草地带，清晨、黄昏觅食。雨后特别活跃。平时单独活动，有一定的行动路线。分布于中国、斯里兰卡、印度、尼泊尔以及东南亚等地区。

水鹿

麋鹿

麋鹿又名“四不像”，是世界珍稀动物。因为它头脸像马、角像鹿、蹄子像牛、尾像驴，因此得名“四不像”。一般麋鹿体重120～180kg，成年雄麋鹿体重可达250kg。性好合群，善游泳，喜欢以嫩草和水生植物为食。

麋鹿

麋鹿原产于中国长江中下游沼泽地带，曾经广布于东亚地区，后来由于自然气候变化和人为因素，在汉朝末年就近乎绝种。1865年，有人在北京南郊发现了120头麋鹿，并撰文向全世界介绍。随后，数十头麋鹿被陆续盗往欧洲，在伦敦、巴黎和柏林等动物园里展出。1900年，八国联军入侵北京，最后一群麋鹿惨遭厄运，有的被杀戮，有的被装上西去的轮船。1986年，在世界自然基金会和中华人民共和国林业部的努力下，39头选自英国7家动物园的麋鹿返回故乡，被送到江苏大丰和湖北石首麋鹿自然保护区放养。

驯鹿

驯鹿又名角鹿，是鹿科驯鹿属下的唯一种。身长约200cm，肩高100～120cm。雌雄皆有角，角的分支繁复是其外观上的重要特征。长角分支繁复，有时超过30叉，蹄子宽大，悬蹄发达，尾巴极短。驯鹿的身体上覆盖着轻盈但极为抗寒冷的毛皮。不同亚种、性别的毛色在不同的季节有显著不同，从雄性北美林地驯鹿在夏季时的深棕褐色，到格陵兰岛上的白色，主要毛色有褐色、灰白色、花白色和白色，花色中白色一般出现在腹部、颈部和蹄子以上部位。

驯鹿主要分布于北半球的环北极地区，包括欧亚大陆和北美洲北部及一些大型岛屿。在中国驯鹿只见于大兴安岭东北部林区。中国鄂温克族使用驯鹿作为交通工具。

驯鹿

小麂(jǐ)

小麂是一种小型的鹿科动物，栖息在稠密灌丛中。小麂头部为鲜棕色，体毛呈棕褐色，颈背部颜色较深，呈暗褐色，腹面从前胸至肛门周围均为白色。幼兽体毛上具有斑点。取食多种灌木和草本植物的枝叶、幼芽，也吃花和果实。喜独居或雌雄同栖。营昼夜活动。主食野果、青草和嫩叶，也常到村旁地角盗食蔬菜或其他农作物。受惊时常发出短促洪亮的吠叫声。主要分布于中国的亚热带地区。

小麂

■梅花鹿的分布

梅花鹿是亚洲东部的特产种类，在国外见于俄罗斯东部、日本和朝鲜。过去广布中国各地，但现在仅残存于吉林、内蒙古中部、安徽南部、江西北部、浙江西部、四川、广西等有限的几个区域内。台湾亦分布有一个特有亚种。

■梅花鹿画像

身体：体长125～145cm，体重70～100kg。

皮毛：皮毛颜色随季节而变色。夏季呈棕黄色或栗红色，冬季呈烟褐色，躯体上有许多白色斑点，如梅花一般。背部有一条黑线从耳尖贯穿到尾部，腹部为白色，臀部有白斑。

角：雄鹿有一对大长角，上面分叉，每年春天会换角，这是它们战斗和防御的武器。雌鹿没有角。

眼睛：眼睛大而长，泪窝明显。

脸：长长的脸。

脖子：长长的脖子。

耳朵：耳长且直立。

四肢：四肢细长。

蹄：主蹄狭而尖，侧蹄小。

屁股：屁股上有两个大白斑。

尾巴：尾巴短小，长12～13cm。

梅花鹿

■鹿的祖先——祖鹿

祖鹿是鹿科、祖鹿属的一种古生物，生活于晚中新世的中国，是现代鹿的祖先。

祖鹿眶前窝大部分长在泪骨上，深。筛裂前后径比眼窝短。眼眶上有额脊但不高。角柄中等长度，强烈后倾。角节明显突出。角具3个分支，有时还再一次分支。角表面有纵向的沟等饰纹。雄性上犬齿较大，侧扁。颊齿低冠，具短的尖角的底柱，齿带弱，有古鹿褶。生活于炎热半干旱的稀树草原环境。

古生物化石研究显示，中国晚中新世至早更新世应该有5个种存在：新罗斯祖鹿、山西祖鹿、化德祖鹿、最后祖鹿和凤岐祖鹿。

祖鹿头骨化石

最新研究发现，祖鹿可能起源于欧洲，随着东亚夏季风的加强从保德期开始迁入中国。不同于新罗斯祖鹿，山西祖鹿为适应气候与环境改变而出现了较明显的形态改变。上新世之后冬季风的加强致使祖鹿的分布范围越来越小，到更新世早期仅在中国南方有遗存。

■著名的鹿化石

山东省临朐县的山旺生物群中出土了距今1 800多万年（中新世早期）的柄杯鹿化石和三角原古鹿化石。

甘肃省和政县的和政动物群中出土了距今1 200万～500万年（中新世中晚期）的祖鹿化石和龙坦日本鹿化石。

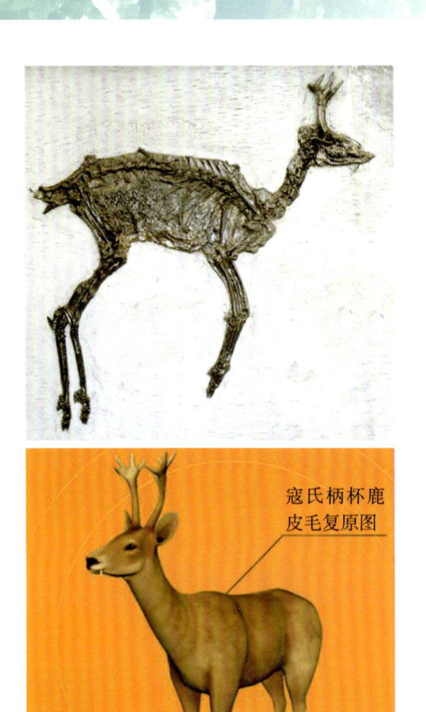

柄杯鹿化石(上)及其复原图(下)

三角原古鹿化石(上)及其头部复原图(下)

龙坦日本鹿头骨化石

■最早的梅花鹿化石

迄今为止，我国最早的梅花鹿化石发现于陕西省渭南市张家坡，产自距今260万年前的上新世晚期地层中，与其共生的动物有真枝角鹿、古中华野牛、三门马等。

梅花鹿鹿角化石

真枝角鹿幼年鹿角化石（左）及其复原图（右）

著名生物群"简历"

山旺生物群

年龄：大约距今1 800万年。

籍贯：中国山东省临朐县。

住址：上林镇山旺村。

出道时间：1935年。

代表类：藻类、玄武蛙、柄杯鹿等。

山旺生物群产于山东省临朐县东部解家河盆地中新世早期的山旺组硅藻土层中，已发现各类生物化石十几个门类600多属种，植物化石有真菌、苔藓、蕨类、裸子、被子植物及藻类，以枝叶最多，多数保留原有颜色，花、果实和种子也保存得非常完好。动物化石有昆虫、鱼、两栖、爬行、鸟及哺乳动物。

山旺生物群是中国中新世远古生物世界的最好记录，是世界罕见的中新世保存完整、门类齐全、具有重要科学价值的地层古生物化石遗迹。

山旺生物群复原图

和政动物群

年龄：距今3 000万～200万年。

籍贯：中国甘肃省临夏回族自治州。

住址：和政县。

出道时间：20世纪50年代。

代表类：铲齿象、三趾马、真马等。

甘肃省和政地区产出的古动物化石类型丰富，目前已知包括42科131属172种，可分为3个典型的生物群：铲齿象动物群（距今1 500万～1 200万年）；三趾马动物群（距今1 000万～700万年）；真马动物群（距今约200万年）。

这批数量巨大、品类丰富的化石创造了6个世界之最：世界上独一无二的和政羊；世界上最大的三趾马化石产地；世界上最丰富的铲齿象化石；世界上最早的披毛犀头骨化石；世界上最大的真马化石——埃氏马；世界上最大的鬣狗化石——巨鬣狗。

和政动物群复原图

■梅花鹿栖息环境

梅花鹿的活动范围、地点随季节而有所变动，但通常不进行长距离迁移。产仔和躲避采集鹿茸时活动较少，多离开日常栖息地，另觅更为隐蔽之处。梅花鹿在阴雨、雪天活动频繁，尤以雨后天晴为盛。通常喜在晨、昏活动。

桃红岭保护区的梅花鹿主要分布在海拔300～500m的低丘陵地带。它们喜欢在向阳坡缓、茅草茂密或空旷、食物较为丰富的半山坡地带栖息活动，如保护区内的显灵庵、龙王殿、桃红山、乌龟石一带。这些地方泉水资源丰富，地形较复杂，植被类型较为简单，主要为草本植被、藤本植物和灌丛，如芭茅、葛藤和百栎等，易于采食、休息和躲避敌害。

冬季（12月～次年2月）和繁殖季节（5～6月），梅花鹿的活动范围有所变化。冬季由于食物缺乏，梅花鹿游荡不定，随地而居，栖息地范围较大，多在海拔300m以下采食、活动。繁殖季节母鹿产仔，公鹿躲避采集鹿茸，这时梅花鹿转移到人迹罕至、天敌较少，沟深、坡陡、草深、林密的地带栖息，如保护区的龙王殿一带。

梅花鹿栖息环境

■梅花鹿喜欢群居还是独居？

梅花鹿喜欢群居生活，而且集群性很强，它们一年中的大部分时间都是结群活动

桃红岭保护区内两只在一起活动的梅花鹿

的。群体组成及大小随季节、天敌和人为因素的影响而有变化。通常3～5只一群，多者可达20多只(1986年4月17日，南蜡烛尖)。鹿群多由雌体和幼体组成，雄体只在交配季节才加入到鹿群中，交配之后即分开活动，但在同一范围内，冬季更合群。

■梅花鹿吃什么？

梅花鹿为草食性动物，常年以各种植物为食，采食种类很多，具广食性。

梅花鹿华南亚种取食植物种类主要集中在蝶形花科、蔷薇科、十字花科、桑科、壳斗科、禾本科、旋花科、伞形科、桔梗科、木通科、榆科、鼠李科及菊科等，共有153种。

梅花鹿喜采食或专一采食的植物有16种，主要有河柳、何首乌、胡枝子、截叶胡枝子、美丽胡枝子、大叶胡枝子、葛藤、豌豆、胡萝卜、狼尾草、狗尾草、薯蓣等；采食的有48种；少采食的有71种；偶采食或饥饿时采食的有18种。

桃红岭梅花鹿采食植物中约有84种为常用中药，占采食植物总种数的55%。由于常年采食这些中药植物，确保了桃红岭梅花鹿在整个生命周期中能预防各种疾病，使生命周期得以延续。

梅花鹿采食

何首乌

胡枝子

葛藤

薯蓣

豌豆

胡萝卜

部分梅花鹿喜采食的部分植物

■梅花鹿会换角?

长着标志性大长角的是雄性梅花鹿，它们角上有4个分叉，威武锐利。每年春天雄鹿都会换角，长长的旧角脱落，换上短短的鹿茸。鹿茸角会渐渐变硬变长，等到秋天，外层的鹿茸皮干燥了，里面的结构也长完整了，雄鹿就会用鹿角在树干上用力摩擦，去掉外层的皮，也把角磨得更锋利，这是它们战斗和防御的武器。

梅花鹿换角前(左)和梅花鹿换角后(右)

■胆小的梅花鹿

梅花鹿是出了名的“胆小”，很容易受到惊吓。如发现敌人距离较远时，则若无其事慢慢离去，并不时停足回头观望，走走停停，此时若鹿群中有公鹿，则公鹿在前，母鹿随后而行。如遇追赶，则向高处和坡陡之处奔跑，瞬间逸去。如果突然受到惊吓，甚至可以导致紧迫性横纹肌溶解，引起死亡。

梅花鹿生性机敏，听觉、嗅觉都很发达，稍有风吹草动就会竖起耳朵时刻警惕。它们虽然“胆小”，但身手却相当矫健，群鹿奔跑时姿势敏捷而优雅，上下攀爬陡坡也不在话下。

发现人后的梅花鹿迅速逃走

■ 生育习性

梅花鹿母鹿的性成熟为16～18月龄，即出生后第2年秋季达到性成熟。性成熟当年通常难以正常交配，而致空怀，繁殖率较低。根据常年观察，保护区内1只壮年公鹿可占有3～5只母鹿或更多。正常交配的只有3岁以上的母鹿。公鹿的性成熟比母鹿晚，一般为30月龄左右，即出生后第3年秋季或更晚。性成熟当年难以竞争到配偶。

梅花鹿在哺乳

■梅花鹿为什么常见却濒危?

梅花鹿对于大多数人可能并不陌生,从孩提时代我们就通过书本等各种途径了解过梅花鹿,甚至很多人都见过梅花鹿,东北更有数以十万计的梅花鹿,但这么常见的梅花鹿为什么会是濒危物种呢?

因为现有的大部分梅花鹿都是人工饲养的,而并非野生种,野生种的数量在中国仅1 000头左右,稀有性堪比大熊猫。

由于俄罗斯、日本等地的野生梅花鹿种群数量的稳定和上升,世界自然保护联盟濒危物种红色名录将梅花鹿评为无危物种,但红色名录同时指出,其他地区尤其是中国的梅花鹿亚种受到了严重的威胁。在中国,梅花鹿的华北亚种和山西亚种已经灭绝,东北亚种的野生种群是否存在还有争议,其余亚种的野生种群也都数量稀少,濒临灭绝。

今天,梅花鹿是我国一级保护动物,但它们曾经遍布中国各地,因为森林、草原的破坏和人类的滥捕,使其仅残存于几个有限的区域。

■濒危的原因

自然因素

气候的变化:梅花鹿为季风林缘动物,由于晚更新世—全新世青藏高原的强烈抬升,川西高原气候日益严寒、干燥,森林、草原消失,使这些地区的梅花鹿数量减少或消失。

天敌的威胁:在某些地区,天敌对梅花鹿的生存也构成了较大的威胁,其天敌有狼、豺、虎、豹、熊等,其中豺对其危害最大。桃红岭保护区内发现有豺猎杀梅花鹿的现象。

种群密度的增加:适宜梅花鹿生存的栖息地越来越少,导致部分地区梅花鹿种群密度增加,从而环境承载量达到饱和,因种内竞争加强、感染疾病等因素导致死亡。

人为因素

过度捕猎:自古以来梅花鹿一直被视为全身皆宝的动物,鹿茸为人尽皆知的贵重药材,而鹿胎、鹿肾、鹿鞭、鹿血、鹿肉、鹿皮等也都价值不菲,因此乱捕滥杀现象曾十分普遍，成为造成中国梅花鹿种群数量下降的重要原因。

乱砍滥伐：随着经济的发展，人类乱砍滥伐，破坏森林，使梅花鹿的栖息地急剧缩减，造成其生境破碎化，使其被分割成较小群并相互隔离，造成数量骤减或灭亡。

过度放牧：畜牧业的发展，也是一个不容忽视的原因，大量放牧的动物与梅花鹿竞争有限的食物资源，造成梅花鹿食物减少和栖息地缩小，导致其出现生存危机。

不合理的旅游开发：梅花鹿分布区的不合理旅游开发也会对梅花鹿的生存产生影响，在未弄清楚该区内梅花鹿的分布情况、分布范围、活动情况，没有仔细划定核心区及开发区的情况下对梅花鹿分布区进行旅游开发将影响到梅花鹿的栖息地进而影响到梅花鹿种群的扩展。

第三篇　植物宝库

■植物认知

植物是生命的主要形态之一，包含了树木、灌木、藤类、青草、蕨类、绿藻、地衣等。绿色植物大部分的能源是经光合作用从太阳光中得到的，温度、湿度、光线、淡水是植物生存的基本需求。

绿色植物具有光合作用的能力——借助光能和叶绿素，在酶的催化作用下，利用水、无机盐和二氧化碳进行光合作用，吸收二氧化碳，释放氧气，产生葡萄糖等有机物，供植物体利用。

桃红岭保护区植被

■植物区系

桃红岭保护区植物区系属泛北极植物区、中国－日本植物亚区、华东地区的北部。植物区系成分复杂，种类丰富，具有广布种和从暖温带向亚热带过渡的特点。

桃红岭保护区植被

■植被类型与群系

桃红岭保护区植被可分为7个植被类型和17个群系。

主体植被是灌丛，灌丛呈岛状分布，大多分布在沟谷和背风山坳；落叶阔叶林主要分布在江山、盆凹到高山汪一带；常绿落叶阔叶混交林分布在显灵庵至龙王殿一带沟谷；杉木与毛竹零星分布；马尾松林分布在保护区实验区，呈星散块状分布。

桃红岭保护区植被类型与所属群系表

序号	植被类型	群系
1	暖性针叶林	马尾松林
2		杉木林
3	落叶阔叶林	白栎黄檀化香杂木林
4	常绿落叶阔叶混交林	青冈朴树混交林
5	竹林	毛竹林
6	落叶阔叶灌丛	美丽胡枝子灌丛
7		白栎短柄枹栎萌生灌丛
8		茅栗灌丛
9		化香萌生灌丛
10		盐肤木萌生灌丛
11	常绿阔叶灌丛	映山红乌饭树灌丛
12	灌丛	黄背草野
13		古草胡枝子
14		白茅
15		茅莓五节芒
16		刺芒
17		蕨菜

在垂直分布上，马尾松分布在海拔250m以下，杉木和毛竹分布在100～420m之间，落叶阔叶林分布在80～300m之间，常绿落叶阔叶混交林分布在100～360m之间，灌丛多分布在420m以下，灌丛遍及全保护区。

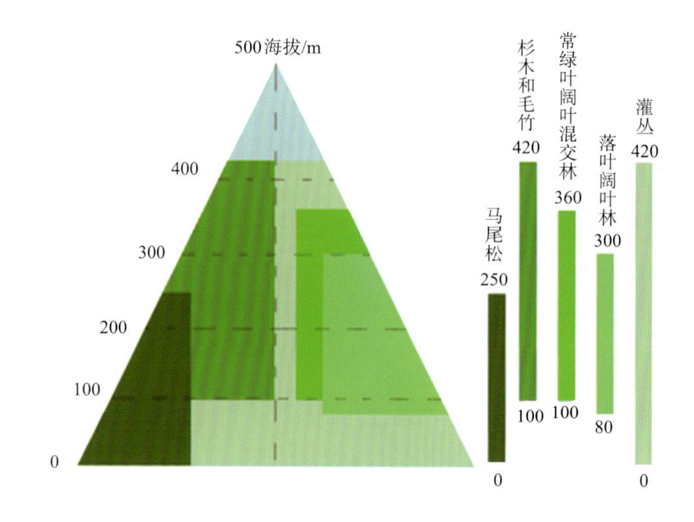

植被垂直分布图

■植物资源

桃红岭保护区已鉴定定名的高等植物有1 151种，隶属于166科609属。属国家重点保护野生植物有水杉、厚朴等8种，属江西省重点保护野生植物有11种，如天竺桂、杜仲、猫儿屎、五味子、黄檀、紫树、天门冬等。

桃红岭保护区野生植物分类数据

序号	类型	科	属	种
1	苔藓植物	7	7	9
2	蕨类植物	18	26	43
3	裸子植物	6	12	18
4	被子植物	135	564	1 081
合计		166	609	1 151

■常见植物

水杉 水杉是世界上珍稀的孑遗植物。远在中生代白垩纪,地球上已出现水杉类植物,并广泛分布于北半球,第四纪冰期以后,几乎全部绝迹。20世纪40年代后在湖北等地发现了幸存的水杉。它对于古植物、古气候、古地理和地质学,以及裸子植物系统发育的研究均有重要意义。

水杉

紫薇 俗称千日红、痒痒树、痒痒花。落叶灌木或小乔木。树皮平滑,灰色或灰褐色;枝干多扭曲,小枝纤细。叶纸质,椭圆形、宽长圆形或倒卵形。花淡红、紫色或白色,常组成顶生圆锥花序。蒴果椭圆状球形或宽椭圆形,幼时绿色至黄色,成熟时或干后呈紫黑色。花期6~9月,果期9~12月。

紫薇

鹅掌楸 又叫马褂木、双飘树、鸭脚掌。高大乔木,树高可达40m,胸径可达1m以上。叶形奇特,很像鹅掌,故名鹅掌楸。是古老的白垩纪孑遗植物,被列入中国国家二级重点珍稀濒危保护植物。花期5月,果期9~10月。

鹅掌楸

板栗 高大乔木。小枝被灰色绒毛。叶椭圆形或长圆形,长7~15cm,先端短尖或骤渐尖,基部宽楔形或近圆,上面近无毛,下面被星状绒毛或近无毛。雄花序长10~20cm,花序轴被毛,雄花三五成簇。成熟壳斗具长短、疏密不一的锐刺。花期4~5月,果期8~10月。

板栗

桂花 常绿灌木或小乔木，质坚皮薄，树皮灰褐色。小枝黄褐色，无毛。叶长椭圆形，对生，经冬不凋。花生叶腑间，花冠合瓣四裂，形小。花冠黄白色、淡黄色、黄色或橘红色，花极芳香。果歪斜，椭圆形，长1～1.5cm，呈紫黑色。花期9～10月上旬，果期翌年3月。

桂花

樟树 别名香樟、樟木、瑶人柴、栳樟、臭樟、乌樟。属常绿大乔木，高达10～55m，直径可达3m，树冠广卵形；树冠广展，枝叶茂密，气势雄伟，四季常青，是我国南方城市优良的绿化树、行道树及庭荫树。花期4～5月，果期8～11月。

樟树

什么是植被类型？

植被类型是指覆盖一片区域的占绝对数量的植物种类。

中国共分出29个植被型，如寒温性针叶林、落叶阔叶林、常绿阔叶林、季雨林、红树林、落叶阔叶灌丛、灌草丛、草原、草甸、沼泽和水生植被等。

草本植物与木本植物

通常我们将草本植物称作“草”，而将木本植物称为“树”。

草本植物 多数在生长季节终了时，其整体部分死亡，包括一年生、二年生和多年生。多年生草本植物的地上部分每年死去，而地下部分的根、根状茎及鳞茎等能生活多年。

木本植物 木本植物的根和茎因增粗生长形成大量的木质部，而细胞壁也多数木质化的坚固的植物。植物体木质部发达，茎坚硬，多年生。木本植物按植株高度及分支部位等不同，可分为乔木、灌木和半灌木。

草本植物与木本植物的分类与比较

类型	俗称	分类	特征	代表种
草本植物	草	一年生	生命周期在一年内	水稻、番茄
		两年生	生命周期跨两年	冬小麦、甜菜
		多年生	生命周期在两年以上	竹子、万年青
木本植物	树	乔木	高度5m以上	水杉、银杏
		灌木	高度1～5m	杜鹃、玫瑰
		半灌木	高度1m以下	菊花、百里香

常见药用植物

桃红岭是传统的药材产地，经调查鉴定的植物，大都列入《江西药用植物名录》。分布频度大、数量多的药用植物有白花前胡、柴胡、桔梗、沙参等。彭泽的前胡、柴胡在中药里被称为“彭前胡”“彭柴胡”，是地道的“天下第一”名贵药材。桃红岭保护区的白花前胡分布频度几乎达1株/m^2，是一座天然药园。

白花前胡　属伞形科，多年生草本植物，高0.6～1m。花瓣卵形，白色。果实卵圆形，棕色，8～9月开花，10～11月结果。根供药用，为常用中药。能解热，祛痰，治感冒咳嗽、支气管炎及疖肿。

白花前胡

柴胡 多年生草本，高40～85cm。主根较粗大，坚硬。叶细线形，长6～16cm，宽2～7mm。复伞形花序，黄色，花期7～9月，果期9～11月。柴胡为常用中药，中国自古以来一直广泛应用，为解热要药，有解热、镇痛、利胆等作用。

桔梗 别名包袱花、铃铛花、僧帽花，是多年生草本植物，茎高20～120cm。叶卵形或卵状披针形，花暗蓝色或暗紫白色，可作观赏花卉。其根可入药，有止咳祛痰、宣肺、排脓等作用，中医常用药。

柴胡

桔梗

沙参 桔梗科沙参属多年生草本植物，根胡萝卜状，不分支，高可达1m。假总状或圆锥花序，花冠常紫色或蓝色，花期7～8月。根可入药，甘而微苦，主治气管炎、百日咳、肺热咳嗽。

厚朴 木兰科、木兰属植物。落叶乔木，树皮厚，褐色，小枝粗壮。叶大，近革质，先端具短急尖或圆钝，基部楔形，全缘而微波状。花白色，径10～15cm，芳香。花期5～6月，果期8～10月。树皮、根皮、花、种子及芽皆可入药，以树皮为主。子可榨油，可制肥皂。

沙参

厚朴

杜仲　又名胶木，为杜仲科杜仲属植物。树高可达20m，胸径约50cm。树皮灰褐色，粗糙，内含橡胶，折断拉开有多数细丝。叶椭圆形、卵形或矩圆形，薄革质。花期4～5月，果期9月。树皮可入药，补肝肾，强筋骨，安胎。

杜仲

■古树名木

桃红岭保护区原生植物已被破坏，少有古树。唯在王家边保存有一棵奇特的古银杏树，树高27.7m，胸围355cm，树龄约200年。这棵大树有两种色泽的树叶，上层树冠叶为深绿色，下层树叶为黄绿色，形成双层双色。据树旁村舍农户传说，此树约100年前曾因雷击焚烧，上半部被烧焦，后萌生的枝叶与老枝叶的色泽截然不同，形成双层双色，已逾百年。

银杏是古生代的孑遗植物，全球仅此1种，为我国特产。银杏雌雄异株，桃红岭这棵古银杏是雌株，附近未发现银杏雄株，此树靠远方飘来的花粉而年年结实，而且种子外种皮色泽与叶色一样分层。银杏是国家重点保护野生植物，这棵双层双色的古银杏更是世之罕见，极具保护、科研和观赏价值。

桃红岭保护区双色古银杏

◆ 植物辨识指南

植物有六大器官，分别为根、茎、叶、花、果实、种子，其中前3种为营养器官，后3种为繁殖器官。只有被子植物才有全部6个器官。每种器官都可以分为不同的形态，而器官的形态特征可以作为辨识植物的重要依据。

植物及其器官

◆ 植物的叶

叶形

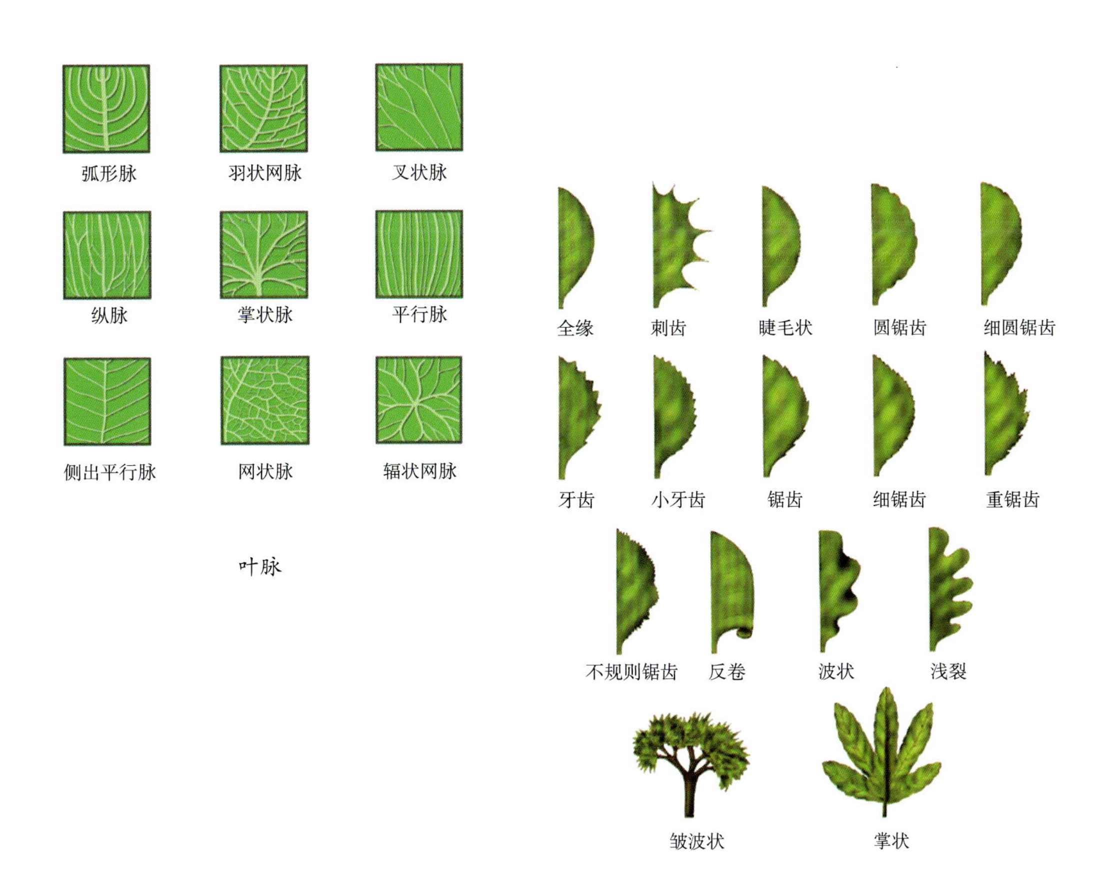
弧形脉
羽状网脉
叉状脉
纵脉
掌状脉
平行脉
侧出平行脉
网状脉
辐状网脉
全缘
刺齿
睫毛状
圆锯齿
细圆锯齿
牙齿
小牙齿
锯齿
细锯齿
重锯齿
不规则锯齿
反卷
波状
浅裂
皱波状
掌状

叶脉

叶缘

单叶
奇数羽状复叶
偶数羽状复叶
三出复叶
二回偶数羽毛状复叶
三回奇数羽毛状复叶
轮生
莲座状着生
单叶对生
单叶互生
盾状着生
贯穿叶

叶位

◆ 植物的茎

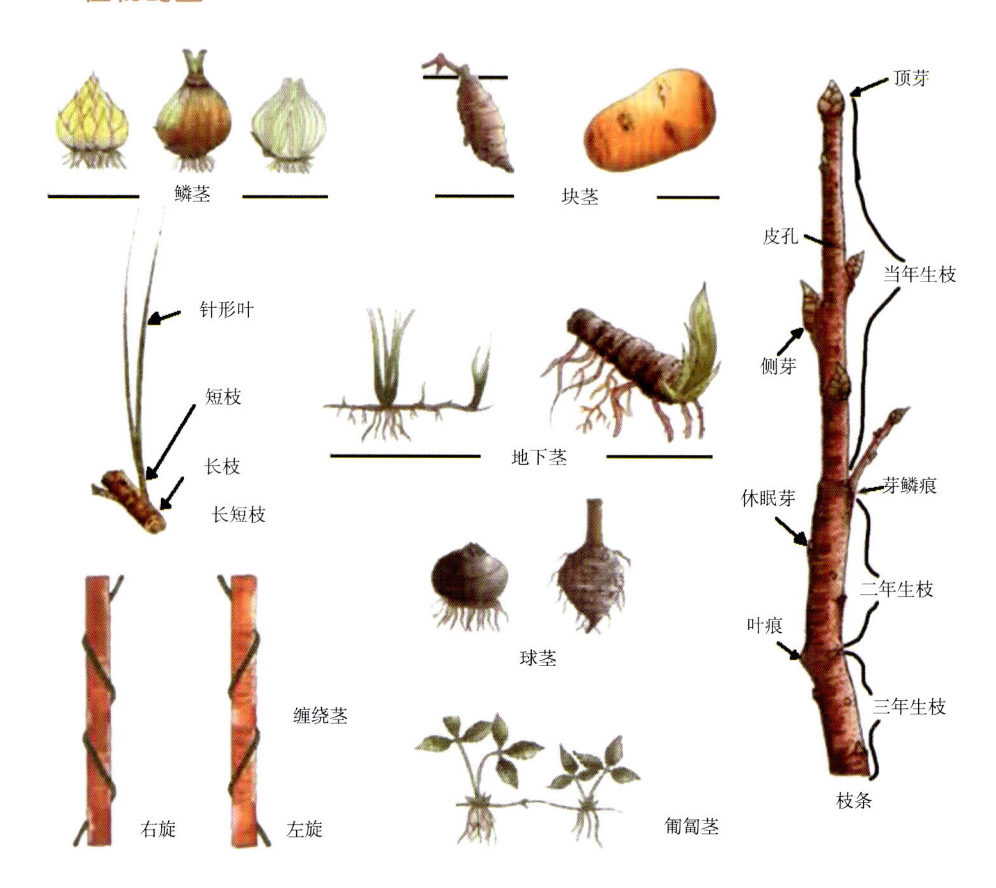

植物的茎

◆ 植物的根

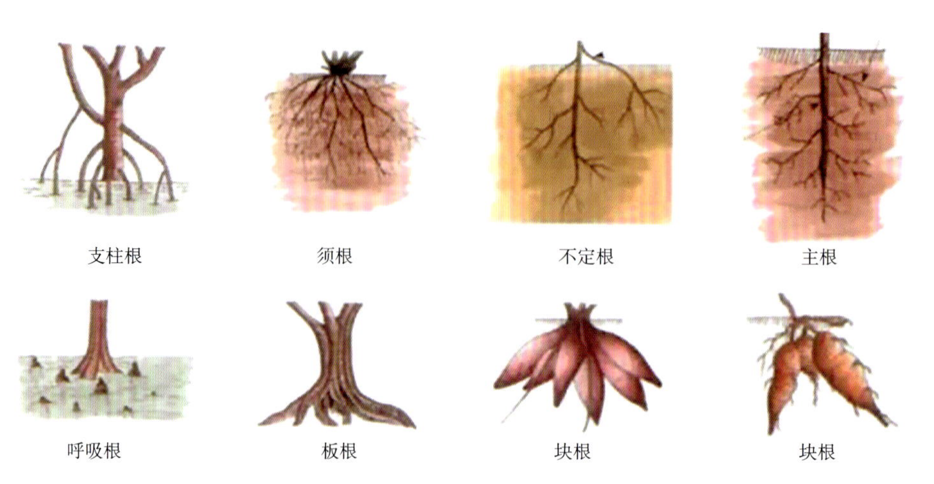

植物的根

◆ 植物的花

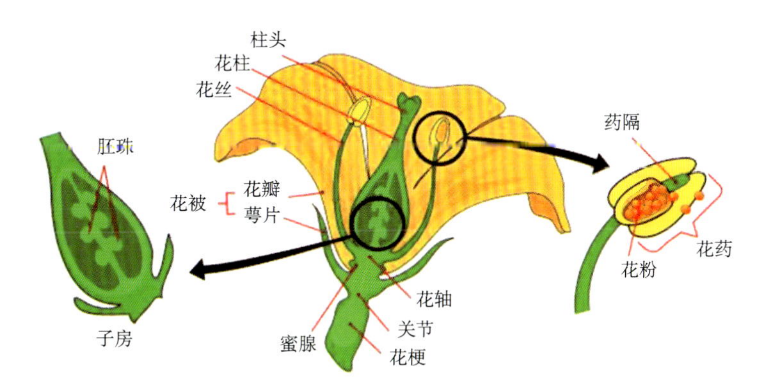

花的结构

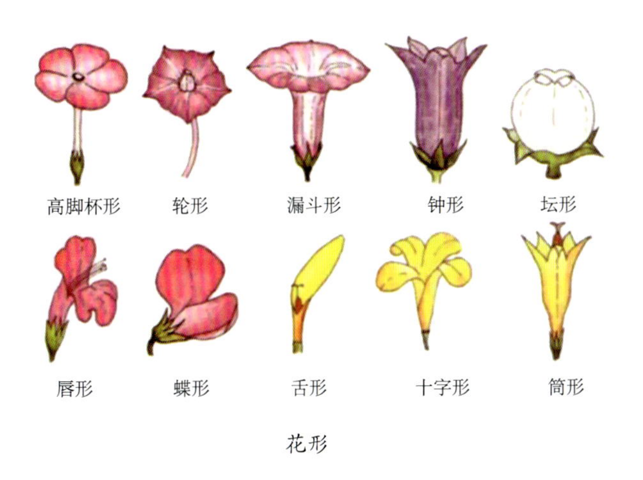

花形

花序

◆ 植物的果实

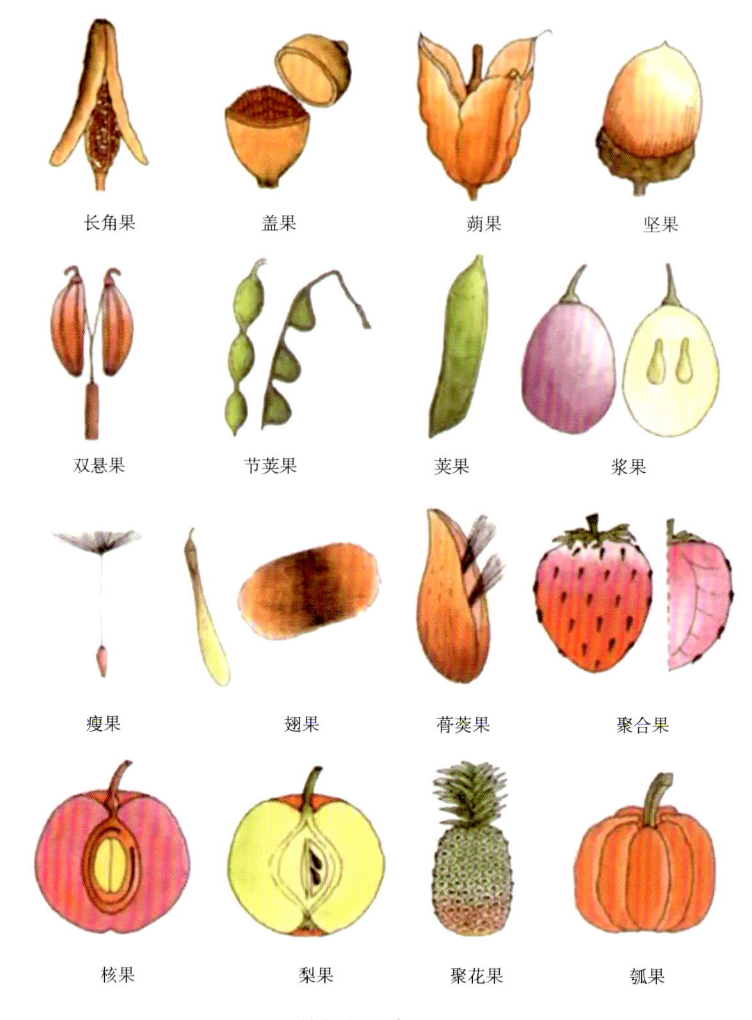

植物的果实

◆ 植物的种子

植物的种子

第四篇　动物乐园

■动物资源

桃红岭保护区有各类动物共计43目173科601属778种，其中有国家重点保护野生动物39种，国家一级保护野生动物有梅花鹿华南亚种、白颈长尾雉、云豹、穿山甲等9种，国家二级保护野生动物有白尾鹞、燕隼、灰背隼、红脚隼、白鹇、大灵猫、小灵猫、鬣羚等30种。

桃红岭保护区野生动物分类数据

序号	类型	目	科	属	种
1	兽类	7	17	38	44
2	鸟类	16	40	111	173
3	爬行类	3	9	24	29
4	两栖类	2	7	13	19
5	鱼类	4	10	27	29
6	昆虫	11	90	388	484
合计		43	173	601	778

■鸟类资源

桃红岭保护区属长江中下游两湖平原湿地区，是我国具有国际意义的5个湿地和淡水水域生物多样性关键地区之一，成为适合许多鸟类生存繁衍的栖息地。桃红岭保护区共发现鸟类16目40科11属173种，种类之多仅次于昆虫。

在桃红岭自然保护区分布的鸟类中，属于国家重点保护的物种有14种，其中属于一级的1种，二级的13种。鸳鸯、蛇雕和白颈长尾雉被列入《中国濒危动物红皮书》。就这些物种在桃红岭自然保护区的种群数量而言，本次考察发现蛇雕、普通鵟尚有较丰富的资源，而其他物种数量很少或者没有发现。

另外，桃红岭自然保护区内还分布有6种中国特有鸟类。在保护区中，这些特有种的数量以领雀嘴鹎和白头鹎为多，其次是画眉和黄腹山雀。

领雀嘴鹎

白头鹎

画眉

黄腹山雀

鸟类辨识

鸳鸯　鸳指雄鸟，鸯指雌鸟，故鸳鸯属合成词。体长38～45cm。雌雄异色，雄鸟嘴红色，脚橙黄色，羽色鲜艳而华丽，头具艳丽的冠羽，眼后有宽阔的白色眉纹，翅上有一对栗黄色扇状直立羽，像帆一样立于后背，非常奇特和醒目，野外极易辨认。雌鸟嘴黑色，脚橙黄色，头和整个上体灰褐色，眼周白色，其后连一细的白色眉纹，亦极为醒目和独特。

鸳鸯

白颈长尾雉 大型鸡类，成鸟体长约81cm，体型大小和雉鸡相似。雄鸟头灰褐色，颈白色，脸鲜红色，其上后缘有一显著白纹，上背、胸和两翅栗色，上背和翅上均具1条宽阔的白色带，极为醒目；下背和腰黑色而具白斑；腹白色，尾灰色而具宽阔栗斑。雌鸟体羽大都棕褐色，上体黑色斑遍布，背具白色矢状斑；喉和前颈黑色，腹棕白色，外侧尾羽大都栗色。

白颈长尾雉

蛇雕 体长61～73cm，大中型鹰类。头顶具黑色杂白的圆形羽冠，覆盖后头。上体暗褐色，下体土黄色，颏、喉具暗褐色细横纹，腹部有黑白两色虫眼斑。飞羽暗褐色，羽端具白色羽缘；尾黑色，中间有一条宽的淡褐色带斑；尾下覆羽白色。喙灰绿色，蜡膜黄色。跗跖及趾黄色，爪黑色。

蛇雕

游隼(sǔn) 中型猛禽，共有18个亚种。体长41～50cm。翅长而尖，眼周黄色，颊有一粗的垂直向下的黑色髭纹，头至后颈灰黑色，其余上体蓝灰色，尾具数条黑色横带。

游隼

白尾鹞(yào) 中型猛禽。体长41～53cm。雄鸟上体蓝灰色，翅尖黑色，尾上覆羽白色，腹、两胁和翅下覆羽白色。雌鸟上体暗褐色，尾上覆羽白色，下体皮黄白色或棕黄褐色，杂以粗的红褐色或暗棕褐色纵纹；常贴地面低空飞行，滑翔时两翅上举成‘V’字形，并不时地抖动。

白尾鹞

白鹇

白鹇 大型鸡类。雄鸟体长100～119cm，雌鸟体长58～67cm。头顶具冠。嘴粗短而强壮，上嘴前端微向下曲，但不具钩。雌雄异色。雄鸟上体白色而密布以黑纹，头上具长而厚密、状如发丝的蓝黑色羽冠；尾长，白色。下体蓝黑色，脚红色。雌鸟通体橄榄褐色，羽冠近黑色。

喜鹊

喜鹊 体长40～50cm，雌雄羽色相似，头、颈、背至尾均为黑色，并自前往后分别呈现紫色、绿蓝色、绿色等光泽，双翅黑色而翼肩有一大的白斑，尾远较翅长，呈楔形，嘴、腿、脚纯黑色，腹面以胸为界，前黑后白。

麻雀

麻雀 雀科麻雀属27种小型鸟类的统称。它们的大小、体色甚相近。一般上体呈棕、黑色的斑杂状，因而俗称麻雀。嘴短粗而强壮，呈圆锥状，嘴峰稍曲。除树麻雀外，雌雄均异色。

■什么是观鸟？

观鸟，是指在自然环境中利用望远镜等观测记录设备在不影响野生鸟类正常生活的前提下观察鸟类的一种科学性的户外活动。观鸟活动起源于18世纪晚期的英国和北欧，早期是一项纯粹的贵族消遣活动，到今天，已经演变成世界上广泛流行的户外项目。

观鸟

鸟类种类繁多，遍布全球，成为脊椎动物中仅次于鱼类的第二大纲。全世界现有鸟类8 700余种，是地球生物多样性的主要组成部分，在维持自然生态系统功能方面发挥着重要作用。我国已知鸟类物种数为1 186种，其中鸟类特有种100种。

■如何观鸟？

（1）了解鸟类的基本知识。例如鸟的身体结构、不同类型鸟的鸟爪和鸟喙等。

（2）做好准备工作。准备望远镜、记录本、笔、观鸟参考书、相机等，并且通过网络及其他途径了解观鸟地点的交通情况和环境特点、地形特点，并根据该地的情况制订活动计划。

（3）选择适宜的观鸟时间。森林和田野观察林鸟和田鸟，最好是早晨或傍晚；中午则是观察猛禽的最佳时间；而在海边看水鸟则需根据潮汐的情况而定，涨潮时看游禽，退潮时看涉禽。

（4）望远镜的使用。一般观鸟选用望远镜的规格是8×42。放大倍数为8，口径42mm。初学者观察静态的鸟类比较容易，选好参照物将鸟类放置在视野中央，开始观察鸟类细节，如喙、尾形、虹膜等。

（5）遇到不认识的鸟种，可以先用手机或者相机将其拍下来，也可以录下它的叫声，回头向别人请教。当然，也可以使用自己的鸟类工具书进行查询。

观鸟

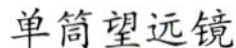
单筒望远镜

双筒望远镜

注意事项：

·在野外观鸟要保护好自身的安全，最好结伴而行。

·观鸟时注意不要惊扰鸟类，注意保护环境。

·鸟类是人类的伙伴，从小事做起，保护鸟类。

◆ 认识鸟儿

鸟类是体表被覆羽毛的卵生脊椎动物。鸟的主要特征可概括为：

(1)有角质喙，没有牙齿。

(2)身体被覆羽毛，有翼。

(3)心脏为四室。

(4)体温恒定。

(5)卵生。

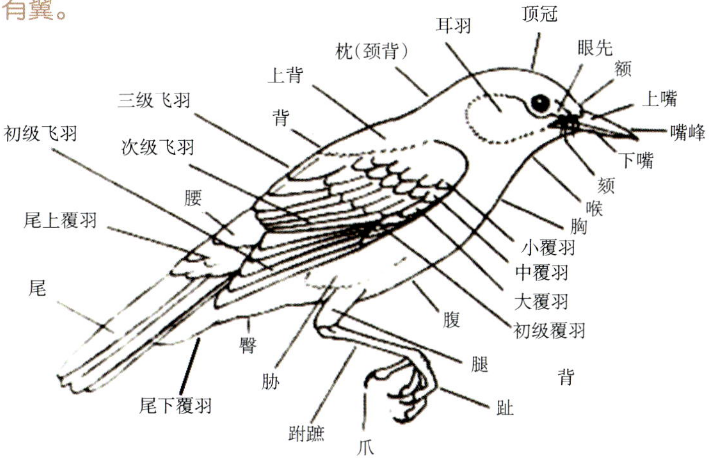

鸟的身体结构

◆ 鸟的分类

按照生活习性，鸟类大致可分为游禽、涉禽、走禽、猛禽、攀禽、鸣禽共6类。

不同类型的鸟类比较

分类	擅长活动	身体特征	生活环境	代表物种
游禽	善于游泳潜水	脚短，趾间有蹼，嘴一般阔而扁平	水上	鹅、鸥
涉禽	善于涉水行走	腿长，嘴长，颈长	沼泽或水边	鹭、鹤
走禽	善于行走或奔跑	翅膀短小，嘴短钝而坚硬，腿强壮有力	地上	雉鸡、斑鸠
猛禽	善于捕捉动物	体形较大，性格凶猛，嘴和爪锐利，翅膀强大有力	树上或岩崖	鹰、秃鹫
攀禽	善于在树上攀援	脚趾多两前、两后	树上	啄木鸟、杜鹃
鸣禽	善于鸣叫	个体较小，鸣管发达，善于鸣叫	树上或地上	乌鸦、喜鹊

游禽——鹅

涉禽——鹤

走禽——雉鸡

猛禽——鹰

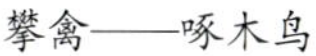

攀禽——啄木鸟

鸣禽——乌鸦

■昆虫世界

昆虫属于无脊椎动物中的节肢动物，种类繁多、形态各异。它们最早出现在3.5亿年前的泥盆纪，发展至今已成为生物界中种类最多的类群。目前，已发现的昆虫有100多万种，比所有其他动物种类加起来都多，昆虫学家估计昆虫实际现存的种类数为200万～500万。

昆虫世界丰富奇妙，地球上从地下到空中，从两极到赤道，从水域到沙漠，从平原到高山，昆虫无所不在，随处可见。一生须经历卵、幼虫、蛹和成虫的生长发育阶段，以极强的环境适应能力、灵活多样的运动方式、超强的繁殖功能和个体小、所需食物较少且生存空间小，又能巧妙运用保护色、警戒色和拟态等进化成果，成为动物中最繁荣昌盛的一族。

■昆虫扮演的角色

昆虫为众多鸟兽动物提供生存的食物，是植物繁育的“媒婆”，捕食或寄生性昆虫还是植物的“守护者”。小小昆虫构成世界生物体系最大的食物链网。没有昆虫在自然界

昆虫

里的这些服务，生态系统和它所支撑的生命（包括人类）将不复存在。

昆虫与人类关系十分密切，人类文明的早期即已知道利用昆虫的分泌物或产出物，蚕丝、蜂蜜、紫胶、白蜡是人们熟知的例子，彰显人、虫的亲近；而昆虫对农、林、蔬、果等的侵食或直接攻击人体、传播疾病又使人、虫之战不可忽视。

■昆虫的身体特征

（1）昆虫的身体分为头、胸、腹3部分。

（2）头部是感觉和取食中心，具有口器（嘴）和1对触角，通常还有复眼及单眼。

（3）胸部是运动中心，具3对足，一般还有2对翅（有些1对，如苍蝇等；有些没有，如蚂蚁等）。

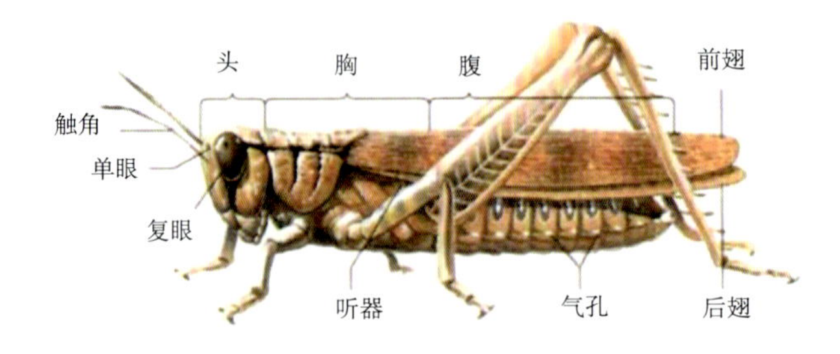

昆虫的身体结构（以蝗虫为例）

(4)腹部是生殖与代谢中心,其中包含着生殖器和大部分内脏。

(5)有些昆虫在生长发育过程中要经过一系列内部及外部形态上的变化,才能转变为成虫。这种体态上的改变称为变态。有些低等的昆虫在发育过程中无变态(如衣鱼),有些则不完全变态(如蜻蜓),有些高等的昆虫是完全变态的(如蝴蝶)。

(6)会鸣叫的昆虫是雄性,雌性不会鸣叫。

■昆虫的分类

●按主要虫态的最适宜的活动场所分为以下几类。

在空中生活的昆虫　这些昆虫大多是白天活动,成虫具有发达的翅膀,通常有发达的口器,寿命比较长。如蜜蜂、马蜂、蜻蜓、苍蝇、蚊子、牛虻、蝴蝶等。

在地表生活的昆虫　这类昆虫无翅,或有翅但不善飞翔,或只能爬行和跳跃。在地表活动的昆虫占所有昆虫种类的绝大多数,因为地面是昆虫食物的所在地和栖息处。常见的有步行虫(放屁虫)、蟑螂等。

蜻蜓

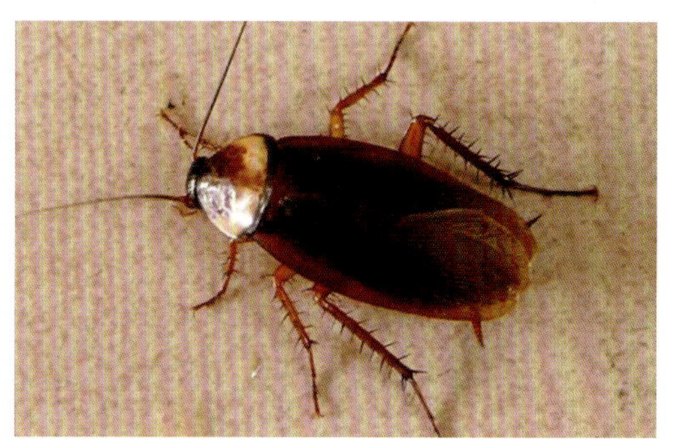

蟑螂

在土壤中生活的昆虫　这些昆虫都以植物的根和土壤中的腐殖质为食料。常见的有蝼蛄、地老虎(夜蛾的幼虫)、蝉的幼虫等。

在水中生活的昆虫　有的昆虫终生生活在水中,如半翅目的负子蝽、田鳖、龟蝽、划蝽等,鞘翅目的龙虱、水龟虫等。有些昆虫只是幼虫(特称它们为稚虫)生活在水中,如石蛾、蜉蝣等。

蝼蛄

蜉蝣

寄生性昆虫 寄生性昆虫不能主动寻找食物，一般都是寻找寄主，当发现寄主后，将卵产于体内，幼虫孵化后取食寄主的营养，和寄主共生一段时间后才使寄主死亡，如寄生蜂。

寄生蜂

■ 桃红岭常见昆虫

据调查，桃红岭保护区的昆虫有11目90科388属484种，占保护区动物种类总数的62.2%。其中中华虎凤蝶、拉步甲、硕步甲为国家二级保护动物，常见昆虫有蚂蚁、白蚁、蟋蟀、蚕、磕头虫、蝗虫、螳螂等。

中华虎凤蝶

中华虎凤蝶 世界上非常珍稀的蝶类昆虫之一。翅基色为黄，前翅外缘有宽的黑带，翅面有很多黑色短纹，犹如虎皮，故名。后翅外缘波形，尾突短，外缘黑带上镶有弯月形黄斑，黑带的中间嵌有蓝色斑点，最里面一列弯月形红斑。中华虎凤蝶是中国独有的一种野生蝶，由于其独特性和珍贵性，被昆虫专家誉为“国宝”。

拉步甲 体长34~39mm，体宽11~16 mm。体色变异较大，一般头部、前胸背板绿色带金黄或金红光泽，鞘翅绿色，侧缘及缘折金绿色，瘤突黑色，前胸背板有时全部深绿色，鞘翅有时蓝绿色或蓝紫色。成年拉步甲一般夜晚捕食，多捕食鳞翅目、双翅目昆虫及蜗牛、蛞蝓等小型软体动物，也食植物性食物；白天潜藏于枯枝落叶、松土或杂草丛中。成年拉步甲的臀腺还能释放蚁酸或苯醌等防御物质。幼年拉步甲大部分时间潜藏于浅土层中，一般在夜晚捕食蜗牛、蛞蝓等软体动物。

拉步甲

硕步甲 体长33~40mm，体宽11~14mm。触角细而长。前胸背板呈心形，前缘略凹，两侧弧圆，向后逐渐变狭窄，后角端向下，略过基缘。鞘翅呈长卵形，中后部最宽，侧缘有凹缺。足部细长，雄虫前足基部的4节膨大。腹部光洁，每节中线两侧有成对的刻点，腹面有毛。昼伏夜出，多捕食鳞翅目、双翅目昆虫及蜗牛、蛞蝓等小型软体动物。

硕步甲

蚂蚁 蚂蚁的种类繁多，世界上已知有11 700多种，有21亚科283属，中国境内已确定的蚂蚁种类有600多种。一般体形小，颜色有黑色、褐色、黄色、红色等，体壁具弹性，且光滑或有微毛。口器咀嚼式，上颚发达。触角膝状，柄节很长，腹部呈结

蚂蚁

状。分有翅或无翅。蚂蚁为典型的社会性群体，可以合作照顾幼体，具明确的劳动分工，子代能在一段时间内照顾上一代。

白蚁 亦称虫尉，坊间俗称大水蚁（因为通常在下雨前出现，因此得名），等翅目昆虫的总称，约2 000多种。为不完全变态的渐变态类，是社会性昆虫，每个白蚁巢内的白蚁个体可达百万只及以上。头部可以自由转动，生有触角、眼睛等重要的感觉器官，取食器官为典型的咀嚼式口器，前口式。胸部分前胸、中胸、后胸3个体节，每一胸节分别生1对足。

白蚁

蟋蟀 又叫促织，俗名蛐蛐、夜鸣虫等。蟋蟀利用翅膀发声，在蟋蟀右边的翅膀上，有一个像锉样的短刺，左边的翅膀上，长有像刀一样的硬棘。左右两翅一张一合，相互摩擦。振动翅膀就可以发出悦耳的声响。蟋蟀的繁殖经过卵、若虫、成虫3个过程，属不完全变态。蟋蟀生性孤僻，一般的情况都是独立生活，绝不允许和别的蟋蟀住一起，因此它们彼此不能容忍，一旦碰到一起，就会咬斗起来。人们利用蟋蟀这一特性，发展了“斗蟋蟀”活动。

蟋蟀

蚕 鳞翅目的昆虫，丝绸的主要原料来源。原产中国，华南地区及台湾俗称之蚕宝宝或娘仔。茧是

蚕的一生

由一根300～900m长的丝织成的。蚕的一生要经历不同的4个时期，卵、幼虫、蛹和成虫。蚕以卵越冬，春天桑树萌发时孵化成幼虫，幼虫食桑生长，经4天休眠蜕皮，25天左右开始结茧。两天后吐丝完毕，再经2～3天在茧内蜕皮化蛹。蛹大约经10天变为成虫，就是蚕蛾。雌雄蛾交尾产卵，随即死亡。

磕头虫

磕头虫　学名叩(kòu)头虫。成虫暗褐色，体狭长略扁。前胸和中胸能有力地活动。当虫体被压住时，头和前胸能做叩头状活动，故名叩头虫。其幼虫常对宿主造成伤害。磕头虫只有3对又短又小的胸足，但它却是跳高"小能手"。它能跳起40多厘米的高度，创出跳过自身高度50多倍的惊人纪录。

螳螂

螳螂　亦称刀螂，属肉食性昆虫。在古希腊，人们将螳螂视为先知，因螳螂前臂举起的样子像祈祷的少女，所以又称祷告虫。螳螂是昆虫中体型偏大的，体长一般55～105mm。身体流线型，以绿色、褐色为主。标志性特征是有两把"大刀"，即前肢，上有一排坚硬的锯齿，大刀钩末端长有攀爬的吸盘。

蝗虫

蝗虫　俗称"蚂蚱"，全世界有超过10 000种，我国有1 000余种。蝗虫后腿发达，用后腿可以跳比身体长数十倍的距离。体色有绿色和褐色，与种类无关，是生活环境的保护色。寿命一般为2～3个月。它们以咀嚼式口器将植物叶片和花蕾咬出缺口和孔洞，严重时将大面积植物的叶片和花蕾食光，造成农林牧业重大经济损失。

◆ 昆虫的自卫之术

为了求得生存，繁殖后代，在长期适应环境的过程中，昆虫形成了多种“自卫术”，常见的有以下几种。

保护色　生活在草丛中的草蛉，身穿一套绿色的“外套”和一对透明的翅膀，跟周围环境的色彩协调一致。这样，连目光敏锐的鸟儿也难发现。

警戒色　瓢虫又名”花大姐”，它背部呈橙红色，还镶有几粒、十几粒黑色斑点。形状色彩都很奇怪，鸟儿见了都害怕，不愿接近。

草蛉

瓢虫

恐吓术　螳螂临近危险时，身体耸立，张开网状的大翅膀，高高举起两把"大刀"，摆出一副要砍向敌人的架势，吓得敌人只好转身逃跑。

拟态术　南方竹林的竹节虫，静止时，六肢紧靠身体，触角和第一对细足重叠在一起，向前伸直，趴在竹枝上，活像一条分节的小竹枝条，隐蔽得十分巧妙。

螳螂

竹节虫

假死术　沟眶象受到惊动时，六足蜷缩，躺在地上装死。无论你怎么碰它，它都一动不动。等到没有动静时，再起身匆匆逃走。

烟幕术　放屁虫受到惊扰时，两条后腿往地上一撑，猛然收缩肌肉，"轰"地一声，从肛门里排出一股带硫黄味的气体，自己乘机逃之夭夭。

沟眶象

放屁虫

主要参考文献

高依敏,2007. 江西桃红岭野生梅花鹿生态习性调查[J]. 江西畜牧兽医杂志(6):65－67.

国家林业和草原局调查规划设计院,2018. 江西桃红岭梅花鹿国家级自然保护区总体规划(2018—2027年)[R]. 北京:国家林业和草原局调查规划设计院.

蒋志刚,2009. 江西桃红岭梅花鹿国家级自然保护区生物多样性研究[M]. 北京:清华大学出版社.

蒋志刚,徐向荣,刘武华,等,2012. 桃红岭国家级自然保护区梅花鹿种群现状[J]. 野生动物学报,33(6):305－308.

李佳,李言阔,缪泸君,等,2014. 江西桃红岭国家级自然保护区梅花鹿生境适宜性评价[J]. 生态学报(5):1274－1283.

李佳,李言阔,缪泸君,等,2014. 江西桃红岭国家级自然保护区梅花鹿种群生存力分析[J]. 江西科学,32(6):815－822.

李佳,李言阔,缪泸君,等,2015. 桃红岭国家级自然保护区梅花鹿和野猪秋季生境选择差异[J]. 四川动物,34(2):300－305.

刘荣,石伟,杨志旺,等,2017. 桃红岭梅花鹿自然保护区苔藓植物区系[J]. 南昌大学学报(理科版),41(1):83－89.

田丽,2007. 中国梅花鹿的发展状况及保护对策[J]. 湛江师范学院学报(6):91－95.

吴问国,刘武华,2015. 桃红岭梅花鹿[J]. 森林与人类(3):96－97.

吴问国,朱文,高依敏,等,2012. 江西桃红岭梅花鹿自然保护区生物多样性现状[J]. 野生动物(4):221－224.

吴问国,2008. 江西桃红岭野生梅花鹿保护现状及管理对策[J]. 四川动物,27(3):457－459.

王洁清,高彬,高依敏,等,2009. 植被对桃红岭保护区梅花鹿分布的影响[J]. 江西科学(4):80－82,107.

王业生,2004. 江西桃红岭梅花鹿国家级自然保护区[J]. 中国林业(22):44.

杨道德,熊建利,蒋志刚,等,2007. 江西桃红岭梅花鹿国家级自然保护区两栖动物资源调查[J]. 动物学杂志,42(6):79－84.

杨道德，熊建利，谷颖乐，等，2007. 江西桃红岭梅花鹿国家级自然保护区爬行动物资源调查[J]. 四川动物(2)：365－367.

章叔岩，郭瑞，刘伟，等，2016. 华南梅花鹿研究现状及展望[J]. 浙江林业科技，36(2)：90－94.

周鸭仙，李言阔，李佳琦，等，2019. 基于红外相机技术调查桃红岭梅花鹿国家级自然保护区鸟兽多样性[J]. 生态学报(13)：4975－4984.

朱建华，2002. 生机盎然的桃红岭梅花鹿国家级自然保护区[J]. 野生动物(6)：2－4.